HARAS

L'AGRICULTURE

LE CHEVAL DE GUERRE

ET

LE CHEVAL DE COURSE

PAR

M. CH. SOURDEVAL

PARIS
AU BUREAU DU JOURNAL DES HARAS, RUE D'AGUESSEAU, 7

1861

L'AGRICULTURE,

LE CHEVAL DE GUERRE ET LE CHEVAL DE COURSE.

Paris. — Typ. Morris et Comp., rue Amelot, 64.

L'AGRICULTURE,

LE CHEVAL DE GUERRE

ET LE

CHEVAL DE COURSE

PAR

M. CHARLES DE SOURDEVAL

Membre du Conseil général de la Vendée.

PARIS

AU BUREAU DU JOURNAL DES HARAS

Rue d'Aguesseau, 7.

—

1860

L'AGRICULTURE,

LE CHEVAL DE GUERRE ET LE CHEVAL DE COURSE.

La question chevaline, qui semble matérielle de sa nature, a cependant eu la mauvaise chance de se détacher du sol et de s'égarer en des nuages où elle est devenue le jouet des vents. Les passions s'en sont emparées, absolument comme s'il s'agissait d'une question politique ou religieuse, et l'on y entasse les arguments à l'infini, sans jamais convaincre ses adversaires. Las d'apporter mon tribut à ce tonneau des Danaïdes, je voulais rester étranger à la polémique qui s'est ranimée si vivement depuis quelques mois, mais les sollicitations des éleveurs, la connaissance que j'ai prise des opinions et des vœux des conseils généraux, la vue claire que je crois avoir de la question, enfin l'intérêt de la patrie qui s'y rattache, m'ont déterminé à prendre la plume.

Avant tout, il importe de se bien fixer sur les intérêts qui sont en jeu dans la question.

Les intérêts en jeu sont ceux de l'*Agriculture*, des *Remontes militaires* et du *Turf*.

L'Agriculture proprement dite s'intéresse médiocrement à la question : elle peut se passer des étalons de l'État ; ceux-ci production du mulet. Encore supplie-t-on sans cesse l'administration des haras de vouloir bien se charger de la tâch d'acheter et de nourrir l'étalon mulassier, et quelquefois même de posséder le baudet. Les procès-verbaux des conseils généraux du Poitou réitèrent chaque année des propositions en ce sens.

On peut dire, en outre, que, dans tout le Midi il n'y a pas de jumenteries proprement dites. Le labourage se fait par les bœufs ou par les mules, et, dans chaque métairie, il y a à peine une jument, dont la fonction principale est de porter le fermier au marché ; elle n'est poulinière que pour le surplus. Le poulain qu'elle produit n'a pas de cours pendant son jeune âge ; il ne peut être vendu, et force est à celui chez qui il est né de le garder à sa charge jusqu'à ce qu'il puisse le vendre à la remonte ou au commerce. Ainsi, avec une seule poulinière, le fermier s'encombre de produits. Au bout de quatre ou cinq ans, ces animaux, que le climat et le sol ont fait nécessairement légers, souvent trop minces, décousus ou trop petits, quelles que soient les qualités de leurs pères, n'offrent pas toujours une rémunération fort encourageante à leurs propriétaires. Si ceux-ci ne trouvaient pas les plus grandes facilités pour féconder leurs juments, ils auraient bientôt renoncé à ce genre de spéculation.

Ainsi, en parcourant toute la France, on trouvera dans le Nord un entrain remarquable pour produire le cheval de trait, et, dans le Midi, pour produire le mulet. Mais on rencontrera généralement une froideur marquée pour la production du cheval de luxe et du cheval de guerre. Ceux-ci ne naissent que parce qu'ils ont pour pères les étalons spéciaux offerts par l'État. Il est évident que ces étalons sont l'occasion déterminante de l'existence des chevaux de guerre et de luxe que produit la France. L'agriculteur fait ceux-ci avec indifférence, parce qu'ils ne sont pas précisément dans ses goûts et qu'ils ne lui offrent qu'un profit très-incertain et très-éloigné. L'éleveur sait que plus le cheval se rapproche du sang et de la distinction, plus il est sujet aux tares qui lui font perdre sa valeur commerciale. De là précisement tant de récriminations contre les étalons de l'État, qui, en poussant à la distinction au delà du désir de l'agriculteur, l'exposent aux non-valeurs, tandis que les sujets de races communes ou de trait sont presque toujours exempts de tares dans le premier âge ; ce qui est un poids considérable dans la balance entre la production du cheval de guerre et celle du cheval de trait. Si l'agriculture avait de l'entrain pour faire les chevaux de distinction, elle n'attendrait pas qu'on vînt lui offrir des étalons dont elle conteste quelquefois les qualités ou l'application, et surtout elle ne laisserait pas entrer vingt mille chevaux à la frontière. Elle n'aurait pas besoin de douane ou de tarif protecteur pour évincer les rivaux ; si son goût était de les faire, elle saurait les présenter aussi bien dressés et à meilleur marché que ceux qui viennent de loin. Mais non, l'arrivée de ces chevaux lui est indifférente. Elle ne craint pas la concurrence des chevaux de trait et des mulets, et cela lui suffit. Que lui importe, en effet, qu'on fasse entrer le cheval de carrosse et de chasse, si elle préfère spéculer sur d'autres produits ? Ceci posé, au point de vue de l'agriculture, reste la question nationale de la production du cheval de guerre. Celle-ci doit se faire essentiellement à l'intérieur du pays, et non par delà la frontière, comme peut se faire, à la rigueur, le cheval de luxe. Si l'État voit de la froideur dans l'agriculture pour ce genre de reproduction, il y a nécessité pour lui d'intervenir et de réchauffer le zèle des producteurs. S'il manque quelque appoint pour que la balance penche à leur bénéfice, il ne peut pas hésiter à fournir cet appoint. Or, dans l'état actuel, le zèle se soutient par les concours, par les primes ; le bénéfice se prépare par la présentation de l'étalon à prix réduit, et se complète, autant que possible, par le prix rémunérateur de l'achat. J'ai vu quelquefois exprimer la pensée que l'achat à prix plus élevé serait le meilleur de tous les encouragements et devrait être le seul. Je suis loin d'admettre cet avis. Je crois que les chevaux d'armes se feraient en moins grand nombre, et que, pour y suppléer, on emploierait la fraude, en faisant admettre des chevaux étrangers ; tandis qu'en présentant l'étalon l'État provoque la naissance du cheval dans le sens déterminé, et en l'achetant il parfait le bénéfice de l'éleveur. La production du cheval se trouve ainsi comprise entre une force d'impulsion, qui est l'offre de l'étalon, et une force d'attraction, qui est l'achat. La coïncidence de ces deux forces est assurément plus efficace que ne pourrait être la seconde seule, même élevée à une haute puissance.

Pour que la production du cheval de guerre soit abondante, il importe qu'elle comprenne aussi celle du cheval de luxe, car les chevaux de luxe se confondent avec les chevaux d'officiers de toutes armes, avec les chevaux d'escadron de la cavalerie de réserve, et, jusqu'à un certain point, avec ceux de la ligne ; il convient donc de viser à ce que la production française puisse satisfaire le commerce, même dans ses demandes de chevaux élégants et forts pour les attelages. Ainsi, voilà la question posée entre l'agriculture et l'État.

La première n'a ni un goût prononcé pour faire le cheval de luxe, ni un intérêt bien évident à produire le cheval de guerre, mais l'État est très-intéressé à ce que cette double production se fasse.

Sur ce terrain très-délicat, où se débattent les intérêts de l'agriculture et de la guerre, survient une colonie qui propose de rejeter les moyens employés jusqu'ici et d'y substituer sa propre action. Il nous semble que cette colonie se fait de grandes illusions sur l'efficacité de ses moyens.

On a devant soi, comme nous l'avons vu, un pays qui manifeste un éloignement sensible pour la production du cheval de distinction; on a bien de la peine à transiger avec lui en lui offrant, à bas prix, des étalons choisis, et le système qui l'on veut substituer à cette action très-naturelle et très nationale est de retrancher les étalons spéciaux pour laisser l'industrie agricole plus à même de produire en liberté les animaux qui lui conviennent. En partant de ce système on établit une théorie dans laquelle les haras sont représentés comme les oppresseurs de l'industrie chevaline, comme offrant des étalons incapables, qui en empêchent de meilleurs de s'établir, comme exerçant un monopole funeste au développement de la spéculation privée, comme dépensant un argent fou, opérant une véritable dilapidation du budget pour arriver à une production de chevaux qui ne suffit pas à alimenter la consommation du luxe et ne satisfait qu'imparfaitement les demandes de l'armée, etc., etc.

Des plumes plus habiles que la mienne, et tenues par des hommes versés dans la question, ont déjà répondu à ces objections. Elles ont, notamment, très-bien démontré que le mot monopole est inapplicable dans cette occasion ; par ce mot on entend accaparement, c'est-à-dire profit d'argent au détriment des concurrents. Ici, il y a le contraire du monopole ; il y a le sacrifice et la subvention en vue d'un genre de cheval pour lequel l'industrie privée n'a pas un goût suffisamment prononcé, et qui, cependant, est nécessaire à l'armée, c'est-à-dire à la défense du territoire, à l'honneur et à la gloire nationale. Quel mal y a-t-il donc à ce que l'État prenne quelques mesures pour s'assurer la production de ce cheval ? Mais, dit-on, les haras ne s'occupent pas de la race boulonnaise et de la race percheronne, et c'est pour cela qu'elles prospèrent. Ne confondons pas les effets avec les causes. Ces races prospèrent parce qu'elles sont dans le goût des éleveurs et qu'elles rapportent beaucoup ; le cheval de guerre ne prospère pas autant parce qu'il n'est ni aussi sympathique ni aussi profitable au producteur que le gros cheval où le mulet. L'État l'obtient avec une certaine peine de cette portion des éleveurs qui n'a pas assez de détermination pour choisir elle-même son étalon, et qui prend l'étalon de l'État parce que le voilà tout rendu et à bon marché. Si, au lieu de cela, l'agriculture était obligée de s'en pourvoir elle-même, vous pouvez être certain qu'elle le prendrait autrement, c'est-à-dire qu'elle ne rechercherait pas le type du cheval d'armes, et qu'elle s'adonnerait à toute autre production, soit chevaline, soit bovine, ovine ou céréale.

Mais, dit-on, cet usage des étalons de l'État est spécial à la France : en Angleterre et autres pays où il n'existe pas, on a des chevaux de guerre en nombre et quantité suffisants. Entendons-nous! En Angleterre, où l'on a peu de cavalerie et beaucoup de chevaux de luxe, la remonte se fait aisément parmi ceux-ci; il y a surabondance dans le choix; et c'est tout naturel, puisque l'aristocratie anglaise fait des dépenses énormes pour la production des chevaux de sang, que l'entrain général est à l'élevage des chevaux distingués.

Cela n'a rien de commun avec l'entraînement populaire de la France, qui est en sens inverse, et où la démocratie fait essentiellement le cheval démocratique.

En Allemagne et en Russie, pays renommés pour la cavalerie, l'État entretient de grands haras, et, il va plus loin, il produit lui-même, directement, une partie de ses chevaux d'armes.

C'est que, partout où il faut de nombreux escadrons, la question ne se résout pas toute seule; les besoins de l'État dépassent l'intérêt qu'a l'agriculture à les satisfaire, et l'État est obligé d'intervenir pour établir la balance.

Pour le choix et la capacité des étalons appartenant à l'État, nous ferons observer qu'un jour nous nous trouvions au haras du Pin au moment de la réception des étalons qui venaient d'être achetés par l'administration. Les choix d'achat avaient été sévères, l'examen d'admission le fut encore davantage. A cette épreuve assistait un homme de cheval éminent, envoyé par le gouvernement prussien. Ce vétéran de l'équitation militaire manifestait une admiration sincère pour cette élite de nos produits, et il acheta avec empressement, pour son pays, un certain nombre de chevaux parmi ceux qui n'avaient pas paru dignes de figurer dans nos établissements français.

Aucun cheval n'est parfait; il est surtout très-difficile de trouver cent chevaux parfaits à la fois. Au bout d'un certain temps de service ces cent chevaux, ou plusieurs d'entre eux, contractent des défauts inhérents à leur métier, comme de se fatiguer les jarrets, ce qui n'altère pas leur faculté de se bien reproduire; les étalons particuliers ont souvent des défauts bien plus graves, et il n'est pas permis d'en parler, en présence du maître du moins; tandis que les étalons de l'État sont livrés de plein droit à toutes les passions de la critique.

Les haras, dit-on, coûtent trop cher à l'État pour les services qu'ils rapportent. Ils coûtent environ deux millions, somme à peine égale à celle que maint lord, en Angleterre, dépense pour ses haras particuliers. Si l'on analysait les sommes que les riches particuliers d'Angleterre dépensent annuellement pour la production chevaline, on arriverait à un chiffre dépassant de beaucoup celui consacré au même but, en France, par le gouvernement et les particuliers. Et les particuliers, en Angleterre comme en France, n'ont pas un intérêt direct à ce qu'une certaine portion de la production soi, faite dans le but de monter la cavalerie.

En France, le *turf* affecte de dire que, si les étalons de l'État étaient supprimés, l'industrie privée produirait des merveilles en tous genres, et notamment qu'elle fournirait le cheval de luxe et de guerre de manière à satisfaire tous les désirs. Il nous reste à savoir où se placerait cette industrie privée; est-ce en dedans de l'hippodrome ou en dehors? Si c'est en dehors, il faudrait qu'elle changeât singulièrement pour entreprendre à ses frais, à ses risques et périls, ce qu'elle donne avec tant de peine lorsqu'on lui fait des avances encourageantes. Nous croyons, nous, qu'elle abandonnerait la production du cheval d'armes, et en général du cheval de luxe, pour se tourner d'autres côtés plus lucratifs. Si c'est en dedans de l'hippodrome que doit se résoudre la question, autre difficulté ; l'hippodrome ne produit que le cheval de course. Or, ce cheval, et, en général, le cheval de pur sang, ne convient pas plus à l'escadron que le cheval boulonnais. L'un est trop lourd et trop lent dans ses mouvements, l'autre ne l'est pas assez. Le cheval de pur sang est trop impressionnable pour être maintenu dans le rang, pour être assujetti aux évolutions précises; puis, il ne supporte pas la nourriture médiocre, ni les intempéries ; enfin, depuis longtemps l'administration des remontes évite d'acheter les chevaux de pur sang et même les chevaux trop près du sang. Les officiers eux-mêmes se gardent bien d'entrer en campagne avec de pareils animaux, dont le régime les incommoderait trop, et dont l'irritabilité les empêcherait de commander à loisir et pourrait les livrer à l'ennemi. Le cheval de pur sang est, de tous côtés, rejeté par les hommes de guerre.

Ce cheval, en sortant de l'entraînement, rendrait-il de grands services en allant s'offrir au paysan pour la monte de ses juments? Le paysan, qui a si peu de propension à faire le cheval distingué, et qui accepte à peine le demi-sang étoffé qui lui est offert presque gratis, ira-t-il avec empressement offrir sa cavale au *racing*? Et ce *racing*, à quel prix lui sera-t-il présenté par l'industrie privée, si fière de n'avoir plus de concurrence qui l'oblige à baisser ses prix? Les détenteurs de poulinières viendront-ils, soudainement illuminés, rechercher à haut prix un cheval tout pareil à celui qu'ils dédaignent sous le bon marché? Ceci est une question d'arithmétique dont je laisse la solution au lecteur. Je suppose que les haras soient abolis, que les chevaux de pur sang, au sortir de l'hippodrome, soient mis en vente, l'administration n'est plus là pour les acheter ; voyons venir les acquéreurs ! Sur cent chevaux présentés, cinq ou six au plus seront achetés comme étalons, et le seront à bon marché, vu le grand nombre ; le reste sera recueilli, comme dans un dépôt de mendicité, par les cochers de voitures publiques, qui auront soin de les payer un peu moins qu'ils ne feraient pour des chevaux communs.

Voilà le sort que la pratique et la triste réalité offriraient aux vétérans de l'hippodrome, et ceci viendrait détruire de bien grandes illusions, non-seulement de profit pécuniaire, mais encore de théorie améliorative.

Je lis dans un article publié récemment : « La nécessité de régénérer nos races n'est mise en doute par personne. » Si l'on entend par là que toute race doit être soutenue par de bons reproducteurs des deux sexes, bien appropriés au sol et au climat, se prêtant aux avantages naturels et en combattant les inconvénients, rien n'est plus vrai. Mais croire que jeter une semence idéale sur un sol quelconque, c'est assurer le succès de l'avenir, rien n'est plus illusoire. Voyez les races boulonnaises et percheronnes, ont-elles besoin d'être régénérées, et ont-elles même jamais été régénérées? Ne se sont-elles pas formées sous l'influence de l'entrain indigène et de l'entente cordiale qui s'est établie entre le producteur et le consommateur? Cette entente est le meilleur *sang* qui puisse animer et développer une race. On peut être certain qu'une race prospérera en cette condition, à un point de vue donné. La race percheronne, qui était inconnue au siècle dernier, fut tirée du néant, au commencement de celui-ci, à l'aide de quelques étalons normands. Les maîtres de poste en recherchèrent les produits; ils réglèrent l'étoffe et les autres conditions que ces chevaux devaient avoir : *on les fit selon la commande*. La race était généralement baie dans l'origine, a dit M. Desvaux-Lousier, son historiographe, mais la mode étant venue, parmi les maîtres de poste, de donner la préférence à la robe grise, et de payer jusqu'à cent francs la seule faveur de cette robe, toute la race a passé au gris sous cet appel. En toutes ces métamorphoses, la régénération est entrée pour peu, mais le soin du maître et le choix des reproducteurs indigènes ont été pour beaucoup. C'est ainsi que la race percheronne s'est formée par un concert entre les éleveurs et les maîtres de poste ou relayeurs de diligence, auxquels ont succédé les entrepreneurs d'omnibus ?

Voulez-vous savoir, au contraire, comment une race s'éteint? La race limousine, que quelques-uns font remonter aux chevaux ramenés par les croisés (qui, par parenthèse, s'en revinrent généralement par mer et ruinés), n'est guère connue avant la mention qu'en fait Pluvinel, le maître d'équitation de Louis XIII. « A cette époque, dit l'auteur de *l'Escuyer françois*, les éleveurs du Limousin produisaient de beaux et bons chevaux, grâce au soin qu'ils avaient de se pourvoir de poulinières allemandes, accouplées ensuite avec les étalons du pays. » Il résultait de cette combinaison un heureux équilibre de l'étoffe apportée par la jument et du tempérament nerveux communiqué par l'étalon. Aussi Pluvinel, et René de Menou, son collaborateur, parlent-ils avec avantage des chevaux limousins. Mais il paraît que plus tard la précaution de s'approvisionner de poulinières allemandes fut négligée, et que l'influence nerveuse, communiquée par le sol, domina sans contrepoids. Aussi les procès-verbaux d'inspection des étalons par le baron de Joussineau, sous le règne de Louis XVI, sont-ils peu satisfaisants. Alors les chevaux manquent d'étoffe, ils sont panards, rampins, etc. Mais le tempérament les soutenait à travers la défectuosité physique, et, pendant les guerres de l'Empire, qui en firent une large demande et une immense consommation, les chevaux limousins brillèrent d'un vif et suprême éclat. Mais, après la Restauration, deux circonstances devinrent fatales à la production limousine : l'anglomanie et la création des routes firent rechercher des chevaux plus grands et plus forts. Le cheval limousin parut trop petit, trop faible, et fut délaissé. Si les éleveurs fussent revenus aux poulinières allemandes de leurs ancêtres, peut-être auraient-ils triomphé de la difficulté. Au lieu de cela, ils tentèrent de rester dans leurs chevaux trop minces, que l'on n'acheta plus, et plus tard, faute d'entente entre le producteur et le consommateur, la race limousine a disparu. et l'ancien éleveur de chevaux a passé à la production du bétail et du mulet.

Ainsi, entente du producteur et du consommateur, voilà la condition première du succès de toute industrie ; c'est par là aussi que les races s'améliorent, et, à défaut de cela, qu'elles s'appauvrissent et disparaissent.

Je ne veux certes pas nier l'heureuse influence du sang, ce n'est que par lui que l'on peut arriver à la production des chevaux de haute distinction, mais le cheval de haute distinction ne peut pas être indifféremment semé partout, il faut pour qu'il réussisse, outre l'étalon, qui est la première force d'impulsion, une jument digne de le porter, une prairie qui développe le corps, un éleveur qui dirige sagement les phases de la nourriture et de l'éducation, enfin un marchand ou un consommateur qui l'achète ; s'il manque une ou plusieurs de ces conditions, le cheval n'est rien moins que sûr d'arriver à bien. On se fait trop souvent une idée exagérée du rôle de l'étalon dans la production des chevaux, on s'imagine que l'étalon peut suppléer à tout, à la mauvaise poulinière, à la mauvaise prairie, au mauvais éleveur. Dès qu'un cheval manque par quelqu'un de ces côtés, vite on s'en prend à l'étalon, surtout si celui-ci appartient à l'État. C'est une si douce habitude en France de rendre l'État responsable de tout, même de la sécheresse ou de la pluie, du choléra ou de l'oïdium ! Je me suis demandé quelquefois si les étalons de l'État engendrant des chevaux tout sellés et bridés, on ne trouverait pas encore à redire contre eux. On connaît pourtant le proverbe : La plus jolie fille du monde ne peut donner que ce qu'elle a. — Eh bien ! le plus bel étalon et la plus superbe cavale du monde ne peuvent faire que le poulain, et ce poulain est loin d'avoir cinq ans.

Pour qu'il atteigne cet âge en toute prospérité, il faut bien des circonstances réunies : sol et climat favorables, bonne prairie et bon éleveur. Le même poulain, issu du même père et de la même mère, deviendra tout autre en Limousin qu'en Normandie, malgré tous les soins de l'éleveur. Soit, par exemple, un poulain issu de pur sang anglais, par père et mère ; il prendra en Normandie un développement convenable ; il pourra devenir, non-seulement un cheval de course, si son éducation est dirigée en ce sens, mais même un cheval de service, pour la selle, la chasse et l'attelage. Si deux ou trois générations se continuent sans ravitaillement, le pur sang passera au normand, il en prendra la forme et le caractère ; en d'autres termes, le climat se le sera assimilé et en aura fait sa chose.

En Limousin, les faits se passeront d'une manière analogue, mais avec résultat inverse. Le cheval de pur sang anglais, né dans les départements de la Haute-Vienne et de la Corrèze, devient limousin quand même, dès la première génération ; il a une tête sèche et accentuée, une ossature réduite, des muscles en miniature, une peau fine contournant le tout avec une extrême délicatesse. Cet aimable petit cheval peut courir des prix..... contre les chevaux du Midi; mais ne comptez pas trop sur lui pour la chasse, pour la guerre, et surtout n'y comptez pas du tout pour l'attelage. Le climat limousin dévore la lymphe et l'étoffe ; il ne laisse subsister que l'élément nerveux. Or celui-ci ne peut suffire seul, il faut absolument qu'il soit *engaîné* dans quelque chose de matériel. Si, au lieu du Limousin, dont le climat est incontestablement ami du cheval, vous transportez le pur-sang dans un pays sec, sans valeur chevaline, les produits en seront rabougris dès la première génération, à moins que l'éleveur ne fasse des prodiges fort dispendieux, en vue de faire, à lui seul, l'œuvre pour laquelle la nature refuse de le seconder.

Au lieu de climats desséchants, voulez-vous des prairies

engraissantes et un atmosphère humide comme il s'en trouve sur les côtes de la Saintonge et du Poitou? Oh! alors le pur-sang change promptement de nature dans un sens tout opposé à ce qu'il fait en Limousin. Les os grossissent, les muscles s'empâtent, la tête s'alourdit, et, au bout de quelques générations *in and in*, le crin des jambes se fera voir; si, au contraire, en ces marécages dont la nature pousse à la lymphe vous combattez cette tendance excessive du sol par de judicieux croisements, ramenant au sang et à l'énergie. en même temps qu'un supplément d'alimentation tonique est offert aux élèves, oh! alors. l'équilibre se rétablit entre la nature et l'art, et l'on arrivera à d'excellents résultats, ainsi que la pratique le démontre tous les jours, et ainsi qu'on a pu le voir au concours de Paris pendant le mois de juin dernier. A ce concours, on a pu remarquer que ce ne sont pas les fils des étalons de pur sang, mais bien ceux des étalons de demi-sang qui ont obtenu le plus de succès.

A un concours régional de cette année, un agronome distingué, M. Valserre a fait une observation digne d'être citée. On sait que feu M. Malingié, à force de calculs, de tentatives, d'expériences et de soins, est parvenu à créer une race particulière de moutons, par le croisement des indigènes et des animaux les plus haut placés dans la production ovine de la Grande-Bretagne. Il est résulté de ce travail une race très-estimable, qui, dans le milieu donné de terroir, d'alimentation et de soins, se soutient à l'état fixe, et a pris le nom de race de la *Charmoise*, nom de la propriété où elle a été formée. M. Malingié étant venu à mourir, ses deux enfants se sont partagé son héritage, ses troupeaux, et ses nobles traditions agricoles. L'un est resté à la Charmoise, où il a maintenu à l'état fixe la race créée par son père; l'autre a transféré sa part du troupeau à trente lieues de là, et l'a soignée suivant les traditions qu'il avait recueillies dans la maison paternelle. Eh bien! malgré cette unité d'origine et de soins, la nouvelle colonie, suivant l'observation de M. Valserre, a sensiblement dévié de la souche originelle ; elle est devenue autre chose sous l'influence du terroir et du climat. Et il en sera éternellement de même de toutes les races transportées, à moins que le milieu de l'émigration ne soit le même que celui de la mère patrie.

Il en est ainsi du cheval de pur sang lui-même, qui est issu sans mélange de la race orientale: il a changé son aspect physique, sa robe, sa taille, ses proportions, ses allures et jusqu'à son caractère moral. Il est plus vite à la course, il est plus grand et plus fort, mais il est d'autres qualités que possède le cheval arabe et que le cheval anglais n'a pas conservées, comme la sobriété, la douceur, la patience, la souplesse, la facilité à se laisser manier dans le combat, le courage à supporter la faim et la soif ; le cheval anglais ne connaît plus tout cela. Est-ce la faute du climat ou de l'éducation ? je ne le rechercherai pas ; qu'il suffise de dire que puisqu'il a tant changé au physique, les variations morales ont dû se faire dans la même proportion.

D'après cela, la théorie que certains journaux énoncent à satiété depuis plusieurs mois, sur la *nécessité de régénérer toutes nos races*, est donc une vraie chimère.

On n'impose point une race à un sol, et il est presque aussi difficile de l'imposer à des éleveurs. Laissez le sol et l'éleveur s'entendre entre eux, comme la chose se fait si bien dans le Perche, l'Artois et la Picardie, et, si le total de la production française ne donne pas en nombre suffisant les chevaux dont l'État a besoin pour sa cavalerie, l'État peut intervenir à bon droit pour obtenir la production de cet élément militaire. Mais, alors, l'État se gardera bien de dire aux boulonnais et aux percherons : Mes amis, cessez de faire vos gros chevaux pour me faire des montures de dragons et de hussards, — car il serait mal reçu. Il peut, aucontraire, très-bien dire aux éleveurs du Midi et du Centre : Le commerce paye peu vos chevaux, qu'il trouve trop légers ; je les payerai convenablement si vous voulez en diriger la production dans le sens de mes remontes; et pour vous aider, je donnerai des primes à vos poulinières, et vous fournirai à prix réduit des étalons spéciaux pour arriver à ce but. Qu'y a-t-il de plus simple que cela quand il est bien connu que tout le Midi ne peut pas faire avec bénéfice des chevaux pour le commerce, qu'il est obligé de garder ses poulains sur le même herbage qui les a vus naître, jusqu'à ce que la remonte vienne les acheter? Une singulière prétention est celle qui dit : Les chevaux du Midi ne prospèrent pas parce qu'on offre à ces pays des saillies officielles à bon marché ; si on ôtait celles-là et qu'on laissât l'industrie privée offrir les siennes selon la valeur réelle des étalons, c'est-à-dire au prix de cinquante ou de cent francs, l'élevage en serait bien mieux aiguisé, et les chevaux supérieurs affluéraient tant comme producteurs que comme produits.

Ajoutez à cela que ceux qui présentent ce programme sont les détenteurs de chevaux de course.

Or, le *racer* contient en excès ce que le midi produit lui-même en excès, c'est-à-dire le tempérament nerveux ; il résulte de là un effet d'homœopathie dans lequel toute l'étoffe du cheval est sacrifiée pour n'en garder que le squelette ; à moins que l'éleveur ne se décide à consacrer une somme double ou triple de celle qu'il dépense aujourd'hui pour faire le cheval comme il le fait.

Ainsi, grâce à l'émancipation proposée, la saillie coûterait plus cher, l'élevage plus cher et le prix de la remonte resterait le même ; quant à l'intervention du commerce et à l'approvisionnement du luxe, le Midi y devra penser moins que jamais dans ce nouveau système, dont la conséquence unique est que le Midi fera plus de mulets et moins de chevaux que dans l'état actuel, et personne n'y gagnera, ni l'Etat ni les partisans du système : celui qui perdra le moins sera le paysan, qui tournera son industrie d'un autre côté, car il n'a pas absolument besoin de faire des chevaux, et pas plus besoin de faire des chevaux de guerre que tout autre produit.

Si l'on voulait réduire à sa juste valeur la thèse d'émancipation qui se soutient depuis quelques années, on lui trouverait ce sens que, bien entendu, l'on n'ose avouer : « Appliquez aux courses tout le budget des haras, et nous nous chargeons de résoudre la question. » Eh! comment la question serait elle résolue? En produisant beaucoup de chevaux de course, que l'on présenterait ensuite comme étalons à prix élevés de saillie. Dans les grosses races du Nord on n'en voudrait à aucun prix. Dans les provinces du Centre on débattrait le prix de la saillie, et finalement, on se tournerait d'un autre côté, vers le cheval de trait, le mulet, le bœuf ou le mouton; et quant au Midi, voyant la question devenue tout à fait insoluble pour lui, il plierait bagage et vendrait toutes ses juments. Je ne verrais de bénéfice, après les heureux du turf, que pour les spéculateurs en voitures de place, qui achèteraient à vil prix la nombreuse phalange des chevaux distancés, et peut-être même une bonne partie de ceux qui se seraient bien tenus.

On évaluait, en 1789, le nombre de chevaux de la France au chiffre de deux millions : aujourd'hui on le tient pour être de trois millions. Cette augmentation n'a rien de surprenant ; elle est la proportion naturelle de l'accroissement qui a eu lieu dans le mouvement de la France pendant ces soixante-dix dernières années. L'agriculture, les transports, la locomotion personnelle ont fait des progrès immenses; la cavalerie, l'artillerie ont augmenté leurs cadres et leur consommation sur une vaste échelle. Les chevaux de 1789 ne pourraient évidemment suffire aux besoins de 1860, quelque secours que vînt leur prêter la vapeur. La production des chevaux a donc augmenté dans une proportion considérable, — celle de cinquante pour cent selon les statistiques ; et peut-être plus grande encore, si les statistiques se sont trompées, ce qui ne m'étonnerait pas.

Mais cet accroissement dans la production chevaline n'a pas été un fait uniforme et parallèle sur tous les points du territoire. La chose s'est passée comme dans toutes les révolutions, où tel élément qui brillait précédemment s'est effacé pour en laisser triompher d'autres auxquels on n'avait fait jusque-là que peu d'attention.

Avant la Révolution, la production chevaline était toute considérée au point de vue de l'équitation. Les maîtres qui ont discouru sur la matière mettaient en première ligne la race espagnole, puis la race barbe pour les chevaux étrangers; en France, ils nommaient la race limousine et la race normande; ils ne parlaient guère des chevaux des Pyrénées, de l'Auvergne et du Morvant, qui pourtant jouissaient d'une réputation méritée chez les consommateurs. Ces chevaux s'employaient à la selle, alors principal moyen de locomotion ; ils servaient à la chasse, où ils se montraient intrépides et résistants; enfin, ils montaient une partie de notre cavalerie peu nombreuse, tandis que l'autre partie était trop souvent assise sur des chevaux achetés à l'étranger en vertu de marchés regrettables.

Remarquons que, dans la révolution qui s'est faite depuis ce temps, le progrès a appartenu aux races de trait, celles qui naissent surtout dans le nord-ouest de la France, en Flandre, en Artois, en Picardie. La force chevaline fournie par ces provinces a certainement augmenté de cent pour cent quant au nombre, et peut-être la force de chaque individu s'est elle accrue dans une proportion presque égale. La race normande s'est soutenue et même a prospéré dans le cataclysme parce qu'elle a pu se prêter aux exigences nouvelles. La race percheronne, qui n'existait pas au dernier siècle, s'est créée et a pris un grand développement. Elle est même devenue le type le plus envié et celui réputé le plus lucratif de toute la production hippique. Ses étalons ont été recherchés sur la plupart des points de l'ancienne France chevaline, et même par l'étranger. Mais soit faute du sol, soit celle des éleveurs, ces tentatives de migration n'ont presque jamais réussi.

Cependant, au milieu de la marche ascendante de ces moteurs des lourds véhicules, que devenaient les races légères, autrefois vantées par les écuyers? Les écuyers eux-mêmes s'étaient modifiés, et souvent on les voyait en tilbury. — Le gentilhomme campagnard qui, jadis, avait quatre ou cinq chevaux de selle à l'écurie pour se mouvoir lui et les siens à travers les chemins de traverse, avait remplacé ses montures, depuis la confection des routes par des chevaux de voiture venus d'Allemagne ou du Perche. Il n'y eut plus de place chez les consommateurs pour les anciens chevaux de selle. Dès lors ceux-ci tendirent à disparaître. Ils avaient à lutter contre l'abandon de leurs habitués, et contre la concurrence envahissante des chevaux de locomotion attelée. C'était trop à la fois. Ils cessèrent d'être demandés par la consommation, et la production s'affaissa sur elle-même. Le nombre des produits décrut naturellement en nombre et en qualité. Bientôt les éleveurs sentirent qu'il y avait de la duperie à continuer. de fabriquer une marchandise dont le cours allait toujours en diminuant. Les tentatives qui furent faites pour grossir et fortifier ces races afin de les mettre au niveau de la commande ne réussirent pas, et cela en partie, croyons-nous, parce qu'on voulut tout attendre de la génération, et qu'on n'y pourvut pas assez pour l'alimentation et les soins que demandait la nouvelle condition.

Quoi qu'il en soit, les éleveurs se découragèrent ; les races s'affaiblirent et se désorganisèrent de plus en plus, et sur quelques points elles disparurent.

Dans le discours, remarquable à plus d'un titre, que vient de prononcer M. le sénateur Chapuis de Montlaville au dernier concours de Cluny(1), nous avons été frappé de l'énumération des races disparues ou prêtes à s'effacer. « La race charollaise, si vigoureuse, cette race pleine de feu et de muscles s'en va, dit le noble sénateur; la race limousine, si légère et si élégante, existe à peine; la race morvandiote, patiente et utile, est très-ébranlée, et la race bressane, qui existe encore, a besoin de secours pour ne pas subir le sort des autres. Il importe donc de veiller à la conservation de nos races nationales, puisqu'il en est qui ont totalement disparu et d'autres qui sont en train de s'effacer à leur tour. »

Il est remarquable que toutes ces races signalées par M. de Montlaville comme disparues ou en déclin, étaient des races de chevaux de selle, propres à la cavalerie. Pourquoi ont-elles disparu? Est-ce par la faute des haras, comme on le crie vulgairement? Non! c'est parce qu'elles étaient races de selle, et que les races de selle se sont effacées depuis l'établissement des routes qui a changé les modes de locomotion et de transport. L'Administration des haras a tenté, à l'aide de ses étalons, de grossir, de fortifier ces races et de les mettre en harmonie avec la demande nouvelle. Mais la seule influence de la génération ne suffisait pas pour résoudre la question. L'industrie privée, aidée par les conseils généraux, est allée plus loin que l'Administration des haras, elle a amené carrément l'étalon percheron où l'on n'avait présenté qu'un demi-sang anglo-normand, et cet étalon de trait a moins réussi encore. C'est que, pour produire un cheval percheron, il ne suffit pas de se pourvoir d'un étalon de Montdoubleau, il faut encore avoir un sol qui s'y prête et un éleveur qui sache en tirer parti. Changement de génération sans modification dans le régime alimentaire n'est bon qu'à apporter la perturbation en des races auxquelles le climat et la tradition de l'élevage ont assigné un certain équilibre. Cet équilibre peut certaine-

(1) *France Hippique* du 13 octobre.

ment être modifié et relevé avec succès, mais ce n'est pas en laissant faire la nature; c'est en s'appliquant par le travail à amener la nature à produire plus grand, plus corsé, plus plantureux qu'elle ne fait quand elle est livrée à sa faible et délicate puissance sur certains points. J'ai entendu dire à un éleveur renommé du Perche, qu'il croyait à la possibilité de faire des chevaux percherons partout, même en plein Limousin, et peut-être n'avait-il pas tort; mais il était loin de penser que ce pût être par le seul effet d'une génération transportée; il voulait toutes les conditions de la nourriture artificielle qui développe le cheval de son pays.

Les races qui disparaissent ne sont pas remplacées dans l'élevage local par d'autres chevaux plus ou moins différents des premiers, elles cèdent, au contraire, le terrain à d'autres produits généralement étrangers à l'espèce chevaline. C'est ainsi qu'en Limousin l'industrie bovine a remplacé la production du cheval; sur d'autres points ce sont les céréales, le colza, le mouton ou le mulet qui deviennent le but de la spéculation agricole. Quand j'entends dire que la liberté et l'industrie privée s'inspirent mieux que toutes les combinaisons officielles en matière de production chevaline, je ne puis m'empêcher de sourire et de répondre: Oui, sans doute! mais c'est pour faire ce qui leur plaît et ce qui leur rapporte le plus. La production du cheval de trait et celle du mulet leur donnant des bénéfices évidents, elles se tournent de plus en plus vers elles. La production du cheval de selle propre à la cavalerie ne leur plaît, au contraire, qu'à moitié et leur offre peu de bénéfice; elles sont toujours prêtes à l'abandonner pour se tourner d'un autre côté. Une preuve que la liberté ne suffit pas pour produire de beaux et bons chevaux dans tous les genres, c'est que le nord de la France emploie sa liberté à ne faire que des chevaux de trait; et le midi à faire des mulets tant qu'il peut; la Suisse enfin, qui possède les plus parfaits pâturages et une dose de liberté incontestable, applique tout cela à faire des fromages; elle y ajoute quelques informes chevaux de trait, et voilà tout ce que lui inspirent la liberté et l'industrie privée.

M. Chapuis de Montlaville dit encore fort bien :

« La consommation des espèces chevalines (celles de trait) est bien autrement considérable que la consommation des chevaux de selle ou de luxe. La consommation de ces chevaux est après celle du pain et du vin (j'avoue que j'y ajouterais celle du bœuf et du mouton), la plus nécessaire de toutes, puisqu'elle sert à la production de ces denrées essentielles à la vie de l'homme. Avec le cheval de labour nous ouvrons le sein de la terre pour la fertiliser; avec le cheval de trait nous transportons les denrées des champs à la ferme, de la ferme sur le marché et du marché aux vastes débouchés des canaux et des chemins de fer. »

Mais je ne saurais admettre cette autre pensée de M. le sénateur : « Si l'Afrique peut nous fournir chaque année trente à quarante mille chevaux de selle, il nous sera facile de nous adonner plus particulièrement à la production des chevaux de trait et de labour. »

L'Afrique est certes bien loin de produire une pareille quantité de chevaux dignes d'être transportés en France, d'entrer dans nos cadres de cavalerie, ou aptes à répondre à nos besoins civils. Mais la chose fût-elle, ce ne serait pas une raison pour nous endormir sur ce secours. Que la production africaine soit un utile auxiliaire à notre cavalerie légère, rien de mieux ! mais c'est au sein même du sol français que doivent naître en abondance nos chevaux d'armes. Nous ne pouvons pas les demander à l'étranger, pas même à une colonie séparée de nous par la mer, et à cet égard nous redirons avec M. de Montlaville : « Il importe de veiller à la conservation de nos races nationales. » Nous ajouterons : et particulièrement de nos races du Midi, si utiles à la cavalerie ; il convient de les soutenir officiellement, lors même que l'industrie privée n'aurait aucun intérêt à les conserver. »

En résumé, parmi les trois intérêts qui sont en cause, il est évident, pour quiconque a pénétré dans la campagne et étudié les ressorts de l'élevage en divers foyers, 1° que l'agriculture est indifférente à la question; que peu lui importe d'élever le cheval de guerre et de luxe qui n'est pas dans ses mœurs ni à son usage; — qui ne s'emploie que tard, ou ne s'emploie pas du tout aux travaux des champs; — que le commerce ne recherche pas dès le jeune âge comme le cheval de trait et le mulet; — qui est disposé aux tares et aux déceptions bien plus que le cheval commun; — que si l'agriculture consent à le produire à travers ces difficultés, c'est qu'elle y est déterminée sur certains points par la rencontre de l'étalon *ad hoc* que l'État lui offre à bon marché, par les primes et autres encouragements que l'Administration accorde aux éleveurs. Mais si ces attentions de tous les instants venaient à manquer, l'agriculture tournerait certainement sa spéculation vers d'autres côtés.

Quand on invoque la *liberté* pour obtenir de meilleurs résultats que ceux actuels, on ne fait pas attention qu'il est de l'*essence* de la liberté *de produire ce qu'elle veut*, et que rien ne nous prouve que le cheval de guerre fasse partie de cette *essence*. Témoin la Suisse, où les plus succulents pâturages, sous l'inspiration de la liberté la plus parfaite, produisent des fromages et non des chevaux de luxe ou de guerre; 2° la guerre est fort intéressée à ce que l'agriculture *veuille bien* lui faire le cheval d'armes dont elle a besoin, et si l'intérêt ne va pas tout seul, en économie agricole vers ce point, l'État a non-seulement le droit, mais le devoir d'encourager l'agriculture à faire converger une partie de la production dans le sens nécessaire à la remonte de sa cavalerie. Son influence sur l'agriculture est, à cet égard, tout ce qu'il y a de plus légitime; 3° le turf, qui voit deux millions du budget consacrés à l'encouragement de la production chevaline dit : « C'est moi qui suis le producteur-type. Employez ces deux millions à subventionner les courses, et il en résultera la cavalerie la plus gaillarde du monde. » Ceci rappelle la scène où M. Josse prétend que rien n'honore le trousseau d'une mariée comme les bijoux et les dorures, où M. Guillaume soutient, au contraire, que ce sont les tapisseries qui donnent le plus de lustre à un nouveau ménage. On a répondu à l'un : Vous êtes orfévre, monsieur Josse; à l'autre : Vous faites des tapisseries, monsieur Guillaume. On pourrait dire de même aujourd'hui : Vous faites des chevaux de course, messieurs; et ce sont des chevaux de guerre qu'il nous faut. Entre vous et la production populaire il n'y a ni relations ni sympathies. Les haras aujourd'hui forment le trait d'union. Qu'ils soient supprimés, vous marcherez d'un côté, et l'agriculture de l'autre ; vous ferez le cheval de pur sang, et elle fera le cheval de trait : et la cavalerie française, assise entre ces deux productions, se trouvera comme entre deux selles............

Mais non ! j'espère qu'elle ne se laissera ni monter ni démonter de la sorte.

Mais les Anglais eux-mêmes proclament sans hésitation l'inaptitude du *race-horse* à figurer comme cheval de guerre, et même son peu de compétence à engendrer le cheval d'armes. Voici, en effet, ce que l'on trouve dans un ouvrage très-remarquable, publié récemment : « Il est universellement reconnu que l'Angleterre possède une race supérieure en vitesse à toutes les autres, et aucun cheval de sang, réellement étranger, n'osera disputer la palme en Angleterre ou à une distance raisonnable de ce pays. Mais il est parfaitement absurde de supposer que nos chevaux, habitués depuis bien des générations à toute espèce de soins, puissent supporter la mauvaise nourriture et l'inclémence des saisons, comme d'autres élevés dans une lande. Autant vaudrait espérer de voir un Anglais prospérer à Sierra-Leone comme un indigène que s'attendre à trouver gras et bien portants nos chevaux sybarites, en les réduisant à une petite ration d'orge et de paille moisie ou a du fourrage encore plus mauvais. Comme leurs maîtres, ils ont besoin d'une forte nourriture. S'ils en sont privés, ils deviennent malades et tombent graduellement jusqu'à être battus par l'âne d'un colporteur qui se nourrirait avec la paille de leur vieille litière. Si notre cheval manque de soins, il donnera bientôt des signes évidents de souffrance. Il faut donc tout prendre en considération quand on élève pour un objet particulier; et si l'on veut des chevaux de guerre robustes, capables de supporter le froid, l'humidité et la faim, on ne peut en notre patrie les obtenir que dans les montagnes du pays de Galles ou d'Irlande, et là encore ils sont rarement de bonne taille. Beaucoup de nos meilleures jument sont gâtées par le froid et les privations, quand à la fin de l'année on les sort d'une écurie d'entraînement pour les laisser dans un pâturage où elles éprouvent toutes les rigueurs du climat. Puis on leur donne un étalon excité par la chaleur et la nourriture stimulante. Certes, un étalon qui n'aurait pas travaillé serait plus propre à la reproduction que celui qui aurait été épuisé à force de courses (1). »

Ainsi voilà la question posée entre le cheval de course et le cheval de guerre, par un hippiatre éminent de la Grande-Bretagne. Le cheval de course est une spécialité. Il est de plus un cheval de luxe qui ne peut se contenter de la nourriture vulgaire. Son tempérament ne s'en arrange pas dans l'élevage et s'en accommodera encore bien moins au milien des fatigues de la guerre. On l'a vu en Crimée. Selon notre auteur, il n'y a que les montagnes de Galles ou d'Irlande qui produisent le cheval d'armes dans le royaume-uni. Notre foyer, grâce à Dieu, est plus large que celui-là. Il contient de vastes et plantureuses provinces, où l'élément rustique est encore une

(1) Le Cheval anglais, par Stonehenge; traduit par le comte de la Gondie. Page 296.

garantie de la vitalité guerrière des chevaux. Mais sachons ménager ces foyers ! ne les laissons ni se rétrécir ni s'alimenter de matières trop vaporeuses. Venons en aide aux reproducteurs avec quelque discrétion. Eux et leur sol font naturellement le cheval rustique, encourageons-les à donner à ce cheval la forme et la taille qui conviennent; et ce simple secours garantira une ample et solide production à la cavalerie française.

Ch. de Sourdeval,
Membre du Conseil général de la Vendée.

Saint-Gervais, octobre 1860.

Paris. — Typographie Morris et Comp., rue Amelot, 64.

www.ingramcontent.com/pod-product-compliance
Ingram Content Group UK Ltd.
Pitfield, Milton Keynes, MK11 3LW, UK
UKHW020225180726
13838UKWH00005B/2195